essentials

essentials liefern aktuelles Wissen in konzentrierter Form. Die Essenz dessen, worauf es als „State-of-the-Art" in der gegenwärtigen Fachdiskussion oder in der Praxis ankommt. *essentials* informieren schnell, unkompliziert und verständlich

- als Einführung in ein aktuelles Thema aus Ihrem Fachgebiet
- als Einstieg in ein für Sie noch unbekanntes Themenfeld
- als Einblick, um zum Thema mitreden zu können

Die Bücher in elektronischer und gedruckter Form bringen das Expertenwissen von Springer-Fachautoren kompakt zur Darstellung. Sie sind besonders für die Nutzung als eBook auf Tablet-PCs, eBook-Readern und Smartphones geeignet. *essentials:* Wissensbausteine aus den Wirtschafts-, Sozial- und Geisteswissenschaften, aus Technik und Naturwissenschaften sowie aus Medizin, Psychologie und Gesundheitsberufen. Von renommierten Autoren aller Springer-Verlagsmarken.

Weitere Bände in der Reihe http://www.springer.com/series/13088

Stephan Schnorr

Energiebeschaffung in Industrieunternehmen

Erfolgreiches Agieren am
Energiemarkt

Stephan Schnorr
Leipzig, Deutschland

ISSN 2197-6708   ISSN 2197-6716   (electronic)
essentials
ISBN 978-3-658-26951-7   ISBN 978-3-658-26952-4   (eBook)
https://doi.org/10.1007/978-3-658-26952-4

Die Deutsche Nationalbibliothek verzeichnet diese Publikation in der Deutschen Nationalbibliografie; detaillierte bibliografische Daten sind im Internet über http://dnb.d-nb.de abrufbar.

Springer Gabler ist ein Imprint der eingetragenen Gesellschaft Springer Fachmedien Wiesbaden GmbH und ist ein Teil von Springer Nature
Die Anschrift der Gesellschaft ist: Abraham-Lincoln-Str. 46, 65189 Wiesbaden, Germany

Was Sie in diesem *essential* finden können

- Unterstützung bei der Gestaltung der Beschaffung von Strom und Gas
- Einführung in die grundlegenden Zusammenhänge und Begrifflichkeiten der Energiemärkte
- Prägnante Charakterisierung des Spot- und Terminmarktes
- Beschreibung und Bewertung der grundlegenden Arten der Lieferung

Vorwort

Jedes Unternehmen benötigt für den täglichen Betrieb Strom, viele auch Erdgas. Deren Beschaffung ist eine Aufgabe im Unternehmen neben vielen weiteren. Oft werden Ausschreibungsplattformen, in größeren Einheiten auch Berater hinzugezogen, die einen möglichst niedrigen Preis zum Zeitpunkt der Ausschreibung erzielen sollen.

Die Beschaffungsmärkte bieten den nachfragenden Unternehmen durchaus auch Chancen. Wege, diese zu nutzen, werden in diesem *essential* dargestellt. Um die sich ergebenden Chancen, aber auch die korrespondierenden Risiken bewerten zu können, ist ein grundsätzliches Verständnis des Vorgehens eines Lieferanten hilfreich. Der Weg von der Anfrage eines Endkunden bis hin zum Agieren der Lieferanten an den Großhandelsmärkten wird in den wesentlichen Eckpunkten geschildert. Die resultierende Betrachtung der nutzbaren Marktsegmente schafft ein grundsätzliches Verständnis der preisbeeinflussenden Faktoren.

Dr. Stephan Schnorr

Inhaltsverzeichnis

Einleitung 1

Industriebetriebe müssen neben all den benötigten Materialien und Werkstoffen auch Strom und Gas beschaffen. Die Herausforderung besteht für die Unternehmen darin, dass die für die Beschaffung zuständigen Mitarbeiter mit begrenzten Ressourcen verschiedenste Märkte beobachten und analysieren und Preise überwachen müssen.

Der Strommarkt ist volatil. Selbst im Laufe eines Tages kann der Preis durchaus bis zu 1 €/MWh und mehr schwanken. Die Gasmärkte zeigen keine so ausgeprägte Volatilität innerhalb eines Handelstages. Gleichwohl können sich die Märkte in einigen Tagen deutlich in die eine oder andere Richtung bewegen. Die Preise für Strom oder Gas stellen oft nur einen kleinen Teil der Gesamtkosten dar. Je energieintensiver ein Unternehmen ist, desto größer ist naturgemäß auch der Einfluss der Energiepreise.

Gleichwohl können an der Stelle große Vorteile erzielt werden, wenn günstige Zeitpunkte für einen Abschluss gefunden werden. Ein strategisches Agieren zahlt sich also an dieser Stelle sehr wohl aus. Die Schwankungen an den Energiemärkten können ein Risiko darstellen, wenn es keinen strategischen Ansatz zum Umgang mit ihnen gibt. Existiert ein solcher Ansatz, können die Chancen realisiert werden, die in diesen Märkten vorhanden sind.

Die Herausforderung für Unternehmen besteht also darin, dass die Märkte durchaus wirtschaftliche Vorteile bieten. Allerdings müssen dafür ohnehin knappe Ressourcen für die Beobachtung und Analyse der Märkte aufgebracht werden.

Die Ausführungen hier richten sich an alle Unternehmen, die Energie in Form von Erdgas oder elektrischer Energie in größerem Ausmaß benötigen. In aller Regel fragen Industriekunden bei Versorgern und Lieferanten die benötigten Strom- oder Gasmengen an. Dabei handelt es sich um die Belieferung im jeweils kommenden Jahr oder um die jeweils nächsten zwei oder drei Jahre.

© Springer Fachmedien Wiesbaden GmbH, ein Teil von Springer Nature 2019
S. Schnorr, *Energiebeschaffung in Industrieunternehmen*, essentials,
https://doi.org/10.1007/978-3-658-26952-4_1

Längere Vertragslaufzeiten, also vier oder mehr Jahre, sind ungewöhnlich. Dank Ausschreibungsplattformen und Beratern erreichen Kunden auf einen Schlag eine Großzahl an Anbietern. Das eigenständige Agieren am Energiemarkt, also das Aufbauen einer kompletten Infrastruktur und damit das Loslösen von Versorgern, ist nur für wenige Firmen mit komplexen Portfolien eine valide Option.

Dieses Buch verfolgt vor allem zwei Ziele. Zum einen soll ein Grundverständnis geschaffen werden für allgemeine Vorgehensweisen am Energiemarkt. In diesem Zusammenhang werden auch regelmäßig wiederkehrende Grundbegriffe erläutert. In diesem Teil wird das Vorgehen der Energielieferanten beschrieben. Größeren Raum erhält die Beschreibung des Termin- und Spotmarktes. Die beiden Segmente werden aufgegriffen, wenn Chancen und Risiken in der Energiebeschaffung erläutert werden. Zum anderen werden unterschiedliche Liefermodelle beschrieben. Darüber hinaus erfolgt eine Bewertung dieser Liefermodelle anhand von Kriterien, die hier ebenfalls entwickelt werden.

Vom Endkunden zum Großhandelsmarkt

2

Aufseiten der Lieferanten sieht der Umgang mit den Anfragen grundsätzlich gleich aus. Die wesentlichen Punkte in der Bearbeitung der Anfragen von Endkunden oder konkreter Industriekunden sind unter den Versorgern und Lieferanten identisch. Ausgangspunkt sind immer aktuelle Verbrauchsdaten des Kunden. Mindestens die tatsächlichen Verbräuche eines kompletten Lieferjahres werden von den Versorgern erbeten. Aus diesen historischen Lastdaten wird im ersten Schritt eine Verbrauchsprognose für die angefragte Lieferperiode erstellt. Im Ergebnis liegt eine Abschätzung des Verbrauches in den angefragten Lieferjahren vor. Die Prognose ist bis zu viertelstundenscharf im Strom und bis zu tagesscharf im Gas. Diese Prognose ist dann die Grundlage für die Bepreisung bei den Lieferanten. Diese bedienen sich unterschiedlicher Marktsegmente, an denen bestimmte Teile der Lieferverpflichtung gegenüber den Endkunden abgesichert werden können.

2.1 Marktsegmente auf Großhandelsebene

Endkunden schließen ihre Verträge mit Versorgern und Lieferanten. Nur in den seltensten Fällen können diese wiederum auch auf einen (Vor-)Lieferanten zurückgreifen. Die Dienstleister bündeln ihre Lieferverpflichtungen gegenüber den Kunden in einem Portfolio, welches bewirtschaftet werden muss. In wenigen Fällen können die Lieferverpflichtungen durch die Lieferanten komplett selbst erzeugt (Strom) oder gefördert (Gas) werden. Die benötigten Mengen müssen ganz oder teilweise eingekauft werden. In der Regel agieren diese Versorger dazu am Großhandelsmarkt. Dort existieren im Wesentlichen vier Segmente, derer sich die Lieferanten bedienen können (Abb. 2.1).

© Springer Fachmedien Wiesbaden GmbH, ein Teil von Springer Nature 2019
S. Schnorr, *Energiebeschaffung in Industrieunternehmen*, essentials,
https://doi.org/10.1007/978-3-658-26952-4_2

Abb. 2.1 Segmente am Großhandelsmarkt

Die Segmente unterscheiden sich in einigen Kriterien, die handelbaren Produkte sind teilweise unterschiedlich oder die Zugangsbedingungen verschieden. Für die Betrachtung an dieser Stelle ist der wesentliche Unterschied jedoch der zeitliche Bezug zur Lieferung.

Um die Lieferverpflichtungen bis zu mehrere Jahre im Voraus abzusichern, greifen die Unternehmen auf den *Terminmarkt* zurück. Am sog. Terminmarkt[1] werden Produkte mit einer längeren Vorlaufzeit gehandelt. An der European Energy Exchange (EEX) kann Strom zur Lieferung in Deutschland bis zu sechs Jahre vor der eigentlichen Lieferung gehandelt werden.[2] Erdgas kann bis zu vier Jahre vor Lieferung an der Powernext gehandelt werden.[3]

Die täglichen Abweichungen zur Langfristprognose, die sich aufgrund von Wettereinflüssen, kurzfristigen Entwicklungen oder ähnlichem ergeben, werden am *Spotmarkt* gehandelt. Dieses Marktsegment umfasst die Lieferung für den jeweils nächsten oder übernächsten Tag.[4] Hierfür ist auch die Bezeichnung als Day-Ahead-Markt geläufig. Änderungen in den Lieferverpflichtungen, die sich auf den gleichen Tag beziehen, können am *Intraday*-Markt gehandelt werden.[5] Die angesprochene Prognoseunsicherheit führt dazu, dass der genaue Verbrauch bzw. die konkret zu liefernde Menge nie genau vorherzusagen ist. Die sich ergebende Differenz zwischen den tatsächlichen Verbrauchsmengen und den eingedeckten Mengen wird nachträglich durch Ausgleichsenergie glattgestellt. Dieses Marktsegment unterliegt einer hohen preislichen Unsicherheit und kann durch Versorger nicht aktiv genutzt werden.

---

[1]Vgl. Gabler Wirtschaftslexikon (Termingeschäfte).

[2]Vgl. EEX (Strom Future).

[3]Vgl. PEGAS (Gas Future).

[4]Vgl. EPEX (Spot).

[5]Vgl. Energie Lexikon (Intraday).

2.2 Bedeutung des Hedges

Aus der bei Vertragsabschluss erstellten Prognose wird ein sogenannter Hedge[6] errechnet. Hintergrund dieses Vorgehen ist, dass das prognostizierte Lieferprofil nicht deckungsgleich durch den Lieferanten erworben werden kann. Zum einen können sich, gerade bei längeren Vorlaufzeiten bis zur Lieferung, bei Kunden noch Fakten bezüglich des Verbrauchs ändern. Maschinen werden ausgetauscht und zeigen dann ein anderes Abnahmeprofil, eine dritte Schicht wird eingeführt etc. Die genaue Abnahme in der Lieferperiode ist nicht exakt ermittelbar. Je weiter in der Zukunft die Lieferung liegt, desto größer ist die Unsicherheit. Andererseits sind feingliedrige Lieferstrukturen weit im Voraus für die Lieferanten nicht gut handelbar. Daher sichern Lieferanten die Liefermenge im ersten Schritt in aller Regel in Form von sog. Standardprodukten am Terminmarkt ab.

Abb. 2.2 veranschaulicht dieses Vorgehen. Die schwarze Linie stellt eine Prognose für eine zukünftige Stromnachfrage dar. Die grünen Blöcke zeigen die Produkte, die Versorger bei Abschluss des Vertrages erwerben. In einigen Bereichen reichen diese Blöcke noch nicht aus. Hier muss später durch den Versorger noch Strom nachgekauft werden. In einigen Blöcken wurde durch diese Produkte bereits zu viel Energie erworben. Diese muss dann später wieder an den Großhandelsmarkt abverkauft werden, da der Kunde diese nicht abnimmt.

Für diese sog. Standardprodukte sind auch Jahre im Voraus gut handelbare Preise verfügbar. Die sich ergebende Differenz zur Prognose wird meist noch nicht eingedeckt. Zum einen sind die entsprechenden Produkte, wie bereits beschrieben, noch nicht liquide handelbar, zum anderen können sich bis kurz vor Lieferung immer noch Änderungen am Abnahmeverhalten ergeben. Ein weiterer Aspekt ist, dass Lieferanten nicht die explizite Lieferstruktur eines jeden Kunden nachbilden können, sondern immer das gesamte Portfolio bewirtschaften. In aller Regel werden Prognosen für die Gesamtheit aller Lieferverträge erstellt. Die Differenz aus dieser Prognose zur bisherigen Eindeckung wird dann auf Ebene der Gesamtheit aller Verträge, des Portfolios des Lieferanten, vorgenommen.

---

[6]Die Definition beschreibt Hedging als einen Weg, ein Risiko zu verringern, in dem Einzelpositionen kombiniert werden, die negativ korreliert sind. Vgl. Gabler Wirtschaftslexikon (Hedging). In diesem konkreten Fall bedeutet es, dass die eingegangene Lieferverpflichtung preislich dadurch abgesichert wird, dass im Gegenzug Terminprodukte erworben werden.

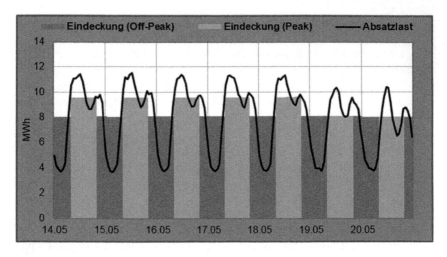

Abb. 2.2 Beispiel eines Peak-/Offpeak-Hedges (Vgl. „COMPAKT" der BayWa r.e. CLENS)

2.3   Zerlegung eines Lastganges

Der berechnete Hedge gibt Aufschluss darüber, welche Produkte am Terminmarkt gehandelt werden sollten. Den Ausgangspunkt der nachfolgenden Überlegungen soll eine angenommene Laststruktur bilden. Diese ist in Abb. 2.3 dargestellt. Sehr gut zu erkennen sind eine typische Wochenstruktur sowie eine leicht ausgeprägte Differenz zwischen Sommer und Winter.

Eine erste Herangehensweise an die eingangs gestellte Frage kann darin bestehen, die Standardprodukte so zu beschaffen, dass die zu kaufenden und die zu verkaufenden Mengen gleich sind. Man spricht in diesem Fall von einem mengenneutralen Hedge. Wählt ein Versorger dieses Vorgehen, kann er im Vorfeld am Terminmarkt die Mengen so handeln, dass er später in der Lieferung genauso viele Mengen nachkaufen muss, wie er abverkaufen kann. Damit wäre das Mengenrisiko bis auf die Prognoseungenauigkeit ausgeschaltet.

Um das Vorgehen bei der Bestimmung eines Hedges zu verdeutlichen, wird auf einen kleineren Zeitabschnitt reduziert. Eine Woche könnte nun wie in Abb. 2.4 aussehen.

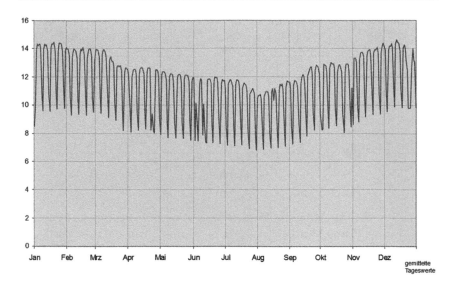

Abb. 2.3 Beispiel eines Abnahmevolumens

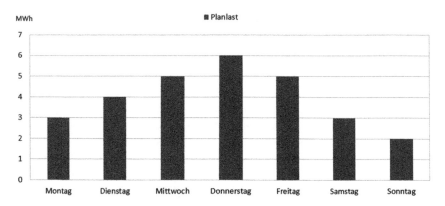

Abb. 2.4 Abnahmekurve einer Woche

Tab. 2.1 Beispiel eines Mengenhedge

Tag	Planlast	Hedge	Kauf	Verkauf
	MWh	MWh	MWh	MWh
Montag	3	4		-1
Dienstag	4	4		
Mittwoch	5	4	1	
Donnerstag	6	4	2	
Freitag	5	4	1	
Samstag	3	4		-1
Sonntag	2	4		-2
Summe:			**4**	**-4**

Der beschriebene Mengenhedge wird so gewählt, dass die noch zu kaufenden und zu verkaufenden Mengen gleich groß sind. Stünde nun am Terminmarkt nur ein Wochenprodukt zur Absicherung einer solchen Struktur zur Verfügung, würde man nach diesem Muster ein Produkt erwerben, das jeden Tag 4 MWh liefert.[7] Tab. 2.1 zeigt dieses Vorgehen noch einmal in einer Zahlenübersicht. Für drei Tage (Montag, Samstag und Sonntag) ergeben sich Abverkäufe, für die verbleibenden Tage sind Käufe zu tätigen. Die Menge der Käufe (1 MWh für Mittwoch, 2 MWh für Donnerstag und 1 MWh für Freitag) entspricht der Menge der Verkäufe, d. h. hier im Beispiel 4 MWh (Montag 1 MWh, Samstag 1 MWh und Sonntag 1 MWh). Damit scheint das Risiko dieser Struktur erst einmal abgedeckt. Käufe und Verkäufe halten sich die Waage und mengenmäßig entstünde kein Risiko.

Abb. 2.5 verdeutlicht das Verhältnis aus Hedge und ursprünglicher Planlast noch einmal.

Damit ergeben sich für jeden Tag Long- bzw. Short-Positionen, oder anders ausgedrückt Über- und Unterdeckungen. Diese müssten dann noch im Laufe der Lieferung über Geschäfte am Spotmarkt glattgestellt werden.

Was an dieser Stelle jedoch unberücksichtigt bleibt, ist jedoch die Struktur der Preise. Es ergeben sich am Spotmarkt typische Strukturen. Bestimmte Stunden sind regelmäßig teurer als andere. Eine Zerlegung des Lastganges allein unter der Maßgabe der Mengenneutralität zieht dies nicht in Betracht und führt zu Preisrisiken. Eine Preiskurve könnte zum Beispiel wie in Abb. 2.6 aussehen.

---

[7]Üblicherweise werden Großhandelsprodukte in MW quotiert. Um eine Lieferung von 4 MWh je Tag zu erhalten, muss ein Produkt mit einer Leistung von 0,1667 MW erworben werden. 0,1667 MW multipliziert mit 24 h ergibt den Wert von 4 MWh.

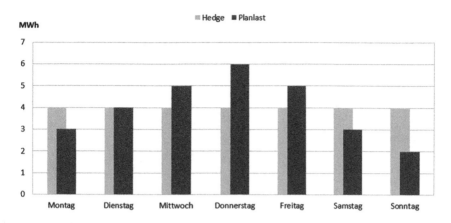

Abb. 2.5 Mengenhedge versus Planlast

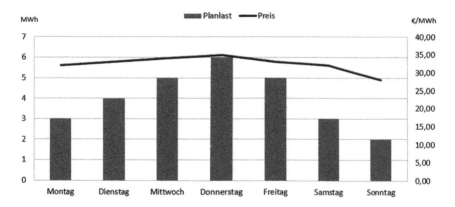

Abb. 2.6 Planlast vs. Preiskurve

Aufgrund eines typischerweise höheren Verbrauches hat sich für die Tage Mittwoch bis Freitag ein im Schnitt höherer Preis ergeben. Bezieht man diese Preise in die Betrachtung mit ein, ergeben sich Beträge wie in Tab. 2.2.

Mit der angenommenen Preisstruktur und dem mengenneutralen Hedge ergeben sich für den Kauf Beträge von 137,00 EUR und für den Verkauf 120,00 EUR. Man erlöst also weniger als für die Finanzierung der Käufe notwendig wäre. Mit einem Hedge, der allein die Kauf- und Verkaufmengen ins

Tab. 2.2 Beispiel eines mengenneutralen Hedges

Tag	Kauf	Verkauf	Preis	Betrag Kauf	Betrag Verkauf
Montag		-1	32,00		-32,00
Dienstag			33,00		
Mittwoch	1		34,00	34,00	
Donnerstag	2		35,00	70,00	
Freitag	1		33,00	33,00	
Samstag		-1	32,00		-32,00
Sonntag		-2	28,00		-56,00
	4,00	**-4,00**		**137,00**	**-120,00**

Gleichgewicht bringt, ergeben sich für Versorger Preisrisiken. Aus unterschiedlichen Preisen in den einzelnen Zeiteinheiten ergeben sich unterschiedliche Beträge für Käufe und Verkäufe. Wird dies nicht berücksichtigt, entstehen finanzielle Risiken.

Um dem vorzubeugen, kann ein solcher Lastgang auch wertneutral eingedeckt werden. Hier wird die Eindeckung mit einem Standardprodukt so gewählt, dass die dann resultierenden Beträge aus Verkauf und Kauf gleich sind. Im hier gewählten Beispiel würden sich Käufe und Verkäufe nahezu aufwiegen, wenn ein Standardprodukt von 4,075 MWh je Tag erworben wird. Die Käufe belaufen sich dann auf 129,35 EUR, die Verkäufe auf 129,38 EUR. Das Preisrisiko ist auf diese Weise weitestgehend reduziert (Tab. 2.3).

Das hier beschriebene Vorgehen des wertneutralen Hedges ist vorrangig auf dem Strommarkt anzutreffen. Am Gasmarkt wird oft mit einem mengenneutralen Hedge gearbeitet, da das Niveau der Spotpreise ausschlaggebend ist und nicht deren Struktur. Weiterhin werden am Gasmarkt einzelne Liefertage als kleinste

Tab. 2.3 Beispiel eines mengenneutralen Hedges

Tag	Kauf	Verkauf	Preis	Betrag Kauf	Betrag Verkauf
Montag		-1,075	32,00		-34,40
Dienstag		-0,075	33,00		-2,48
Mittwoch	0,925		34,00	31,45	
Donnerstag	1,925		35,00	67,38	
Freitag	0,925		33,00	30,53	
Samstag		-1,075	32,00		-34,40
Sonntag		-2,075	28,00		-58,10
				129,35	**-129,38**

Einheit gehandelt, was den Einfluss der konkreten Verbrauchsstruktur innerhalb des Tages weiterhin verringert.

Gerade in Tranchenverträgen für die Stromlieferung kann eine weitere Variante des Hedges zum Einsatz kommen. Es handelt sich dabei um einen gleichzeitig wert- und mengenneutralen Hedge.

Möglich wird dies, weil am Strommarkt nicht nur, wie hier im Beispiel beschrieben, ein Produkt erworben wird, sondern zwei Produkte. Konkret sind das Base und Peak, auf die an späterer Stelle noch eingegangen wird. Jeder Hedge ergibt also die zu kaufende Mengen an Base und Peak. Im mengen- und wertneutralen Hedge werden die Produkte so gewählt, dass beide Kriterien erreicht sind. Damit wird zum einen sichergestellt, dass die Preisrisiken für den Lieferanten minimiert werden. Zum anderen wird sichergestellt, dass durch das Fixieren der Tranchen auch genau die Menge kontrahiert wird, die der Kunde abnimmt.

Terminmarkt

Wie bei den Betrachtungen zum Hedge gezeigt wurde, ergeben sich aus den Lieferanfragen bei den Lieferanten unterschiedliche Produkte. Zum einen werden Jahresprodukte meist im Voraus erworben. Dies geschieht am sog. Terminmarkt. Mengen, die nicht am Terminmarkt erworben wurden, werden am Spotmarkt gehandelt.

In der Theorie werden die beiden Segmente anhand der sog. Erfüllung unterschieden. Maßgebend ist also die Frage, wann die gehandelten Produkte nach Abschluss des Vertrages tatsächlich geliefert oder ausgetauscht werden.[1] Erfolgt diese Erfüllung drei Handelstage nach dem Vertragsabschluss oder später, spricht man vom Terminmarkt. Geschäfte am Spotmarkt werden nach spätestens zwei Handelstagen erfüllt. Dieser Definition folgend, werden am Spotmarkt Produkte gehandelt, die eher kurzfristiger Natur sind. In der Energiewirtschaft werden am Spotmarkt die Lieferungen des nächsten Tages gehandelt. Der Terminmarkt ist der Ort, an dem die Lieferungen zukünftiger Jahre und Quartale oder Monate gehandelt werden.

Im Folgenden wird der Terminmarkt näher vorgestellt. Die Händler am Terminmarkt handeln Erwartungen. Im Falle des Strommarktes handelt es sich also konkret um Erwartungen an zukünftige Strompreise.

In Deutschland werden große Teile des Stroms in Deutschland durch Kohlekraftwerke erzeugt. Im Jahr 2017 kam 24 % des Stroms aus Braunkohlekraftwerken, knapp 15 % aus Steinkohlekraftwerken (Abb. 3.1). Daher speisen sich die Erwartungen an den zukünftigen Strompreis wiederum im Wesentlichen aus den Erwartungen an die Brennstoffkosten, konkret die Preise für Kohle. Weiterhin

---

[1]Vgl. hierzu die Erläuterungen im Abschn. 2.1.

© Springer Fachmedien Wiesbaden GmbH, ein Teil von Springer Nature 2019
S. Schnorr, *Energiebeschaffung in Industrieunternehmen,* essentials,
https://doi.org/10.1007/978-3-658-26952-4_3

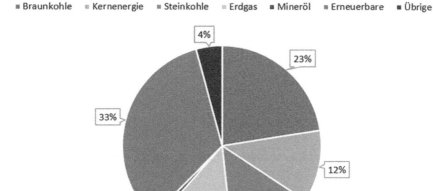

Bruttostromerzeugung in Dtschld. 2017

■ Braunkohle   ■ Kernenergie   ■ Steinkohle   ■ Erdgas   ■ Mineröl   ■ Erneuerbare   ■ Übrige

Abb. 3.1 Bruttostromerzeugung in Deutschland 2017 nach Brennstoffen (Eigene Darstellung nach Daten von destatis [Stromerzeugung])

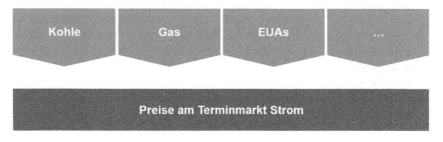

Abb. 3.2 Einflussfaktoren am Terminmarkt Strom

spielen die Preise für Emissionszertifikate eine Rolle (Abb. 3.2). Für das bei der Verbrennung von Kohle oder Gas entstehende CO_2 müssen durch die Kraftwerksbetreiber Emissionszertifikate erworben[2] werden. Ein weiterer Einflussfaktor

---

[2]Vgl. Umweltbundesamt (ETS).

sind die Preise für Erdgas, da ein Teil der notwendigen Strommenge mittels Gaskraftwerken erzeugt wird.

Darüber hinaus gibt es natürlich noch weitere Einflüsse. Ein oft zitierter ist das sogenannte Marktsentiment, die Stimmung der Händler. Und natürlich spielen oft auch politische Einflüsse eine Rolle.

Am Gasmarkt lassen sich die Einflussfaktoren nicht ganz so detailliert aufführen. Es existiert eine gewisse Kopplung an den weltweiten Markt für Rohöl. Hintergrund ist, dass Gaslieferverträge auf der Großhandelsebene preisliche Kopplungen an die Preise von Rohöl enthalten. Dadurch finden sich Bewegungen dieses Marktes auch in den Preisen für Gas wieder. Darüber hinaus spielen hier der Spotmarkt und der Markt für Flüssiggas (LNG) eine Rolle.

Aus den Notierungen für Rohöl, hier der jeweilige Frontmonat für WTI, West Texas Intermediate, und die Notierungen für Gas, im Beispiel das Frontjahr im NCG, können die Korrelationen ausgerechnet werden. Diese werden einmal für die letzten 50, und dann für die letzten 200 Tage ermittelt (Abb. 3.3).

Der Zusammenhang zwischen beiden Werten ist phasenweise sehr stark ausgeprägt. Zeitweise werden Werte von 0,8 und mehr[3] erreicht. Allerdings gibt es durchaus Phasen mit einem geringeren Zusammenhang. In diesen Zeiträumen bestimmen dann andere Faktoren den Preis (Abb. 3.4).

Wendet man das gleiche Vorgehen auf den Spotmarkt, hier als EGSI[4], im NCG und das jeweilige Frontjahr, ebenfalls NCG, an, ergibt sich ein deutlich gemischteres Bild. Phasenweise ist die Korrelation relativ hoch. Dann wiederum fällt die Korrelation stark ab und wird negativ. Damit ist ein Einfluss des Spotmarktes auf den Terminmarkt nicht so ohne weiteres zu bestätigen. Lediglich in bestimmten Zeiträumen gibt der Spotmarkt dem Terminmarkt Impulse.

Der Handel am Strommarkt findet grundsätzlich in zwei Produkten statt – Base und Peak.

Spricht man von Base oder von einem Baseband, so ist damit die Lieferung einer konkreten Leistung, von 0 Uhr bis 24 Uhr, und das jeden Tag gemeint.[5] Man könnte auch von einer Lieferung „rund um die Uhr" sprechen. Im Deutschen entspricht diesem Begriff die Bezeichnung „Grundlast".[6]

---

[3]Der Korrelationskoeffizient in der gängigen Berechnungsweise kann Werte zwischen -1 und 1 annehmen.

[4]Mengengewichteter Durchschnitt aller Handel für einen Liefertag, vgl. PEGAS (2017).

[5]Vgl. IWR (Base-Peak).

[6]Vgl. Energie Lexikon (Grundlast).

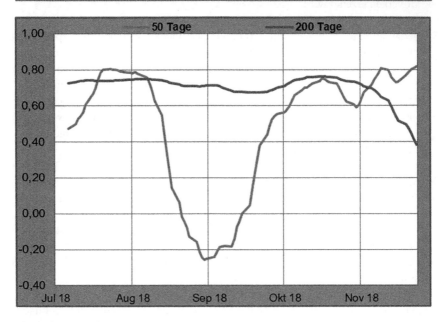

Abb. 3.3 Korrelationen zwischen Gas- und Ölmarkt (Vgl. „COMPASS" der BayWa r.e. CLENS)

Ausgehend von 365 Tagen im Jahr mit jeweils 24 h ergeben sich 24 * 365 = 8760 h in einem Jahr. Schaltjahre mit einem zusätzlichen Tag verzeichnen dann 8784 h. Am Großhandelsmarkt werden die Produkte in aller Regel im Vielfachen von einem Megawatt (ein Megawatt oder MW entspricht 1000 Kilowatt bzw. kW) gehandelt. Erwirbt man also 1 MW Base für ein Jahr, erhält man eine Lieferung von 8760 Megawattstunden (bzw. 8784) oder MWh.

Das zweite Produkt ist „Peak". Dies umfasst Lieferungen an Wochentagen von 8.00 Uhr bis 20:00 Uhr.[7]

Durch die unterschiedliche Verteilung der Wochentage im Jahr ergibt sich hierfür nicht immer ein gleicher Wert an zu liefernden MWh. Für das Jahr 2017

---

[7]Vgl. IWR (Base-Peak).

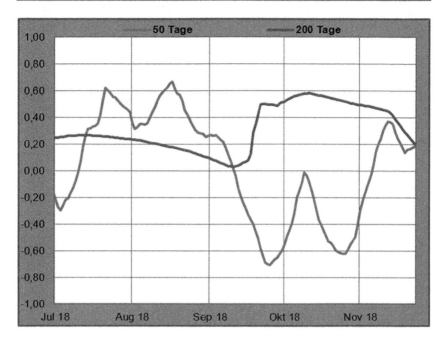

Abb. 3.4 Korrelationen zwischen Spot- und Terminmarkt Gas (Vgl. „COMPASS" der BayWa r.e. CLENS)

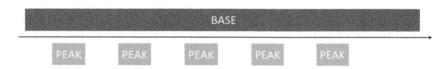

Abb. 3.5 Lieferschema Base und Peak

ergeben sich 3120 Peakstunden. Ein MW Peak liefert somit 3120 MWh in diesem Jahr (Abb. 3.5).

Im Großhandel werden diese Standardprodukte in Kombination erworben, um eine Struktur grob anzunähern. Werden 1 MW Base und 1 MW Peak für eine bestimmte Lieferperiode erworben, ergibt sich ganz allgemein nachstehendes Bild (Abb. 3.6).

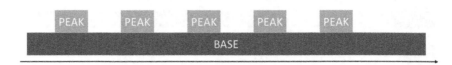

Abb. 3.6 Lieferschema Base und Peak kombiniert

Abb. 3.7 Lieferschema Peak und Off-Peak

Wenn Strukturen derart durch diese Standardprodukte angenähert werden, spricht man von einem „Base-Peak-Hedge".

Eine andere Möglichkeit der Darstellung besteht darin, die Lieferung in Peak und Off-Peak aufzuteilen. Hierbei entspricht Peak dem bereits geschilderten Lieferschema. Der Off-Peak ist dann als das beschrieben, was nicht durch die Peak-Lieferung abgedeckt ist. Abb. 3.7 veranschaulicht diese Aufteilung. Die Lieferstunden des Off-Peak umfassen wochentags 0–8 Uhr und 20–24 Uhr sowie die Wochenenden.[8]

Wie Abb. 3.7 zeigt, bilden Peak und Offpeak mit jeweils gleicher Leistung zusammen ein Baseprodukt.

Das bereits angeführte Beispiel, der Erwerb von 1 MW Base und 1 MW Peak, lässt sich auch als Peak-Offpeak-Kombination darstellen. Zu beachten ist hierbei, dass 1 MW Peak im Base-Peak-Hedge nicht 1 MW Peak im Peak-Offpeak-Hedge entspricht. In den Peakstunden erfolgt im Ausgangsbeispiel die Lieferung von 1 MW Base und 1 MW Peak. Somit beträgt die Summe über alle Lieferprodukte hier 2 MW.

Um im Peak-Offpeak-Fall dieselbe Leistung zu erhalten, müssen dann also 2 MW Peak erworben werden. Die verbleibende ausstehende Lieferung wird dann durch 1 MW Offpeak abgedeckt (Abb. 3.8).

Sowohl der Erwerb von 1 MW Base und 1 MW Peak als auch der Erwerb von 2 MW Peak und 1 MW Offpeak führen zu einer identischen Lieferung.

---

[8]Vgl. EEX (2018), S. 8.

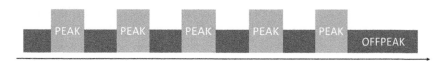

Abb. 3.8 Lieferschema Peak und Off-Peak

Am Gasmarkt werden Baseprodukte gehandelt. Eine Unterscheidung in Base und Peak findet hier nicht statt. Ein Unterschied zum Strommarkt besteht in den handelbaren Produkten. Neben Jahren, Quartalen und Monaten können hier auch sog. Seasons gehandelt werden. Eine Season umfasst jeweils 6 Monate, beginnend im Oktober (Winter) oder im April (Sommer).

Speziell in den Strom-Lieferverträgen finden sich oft Klauseln, die eine Aufteilung der Liefermenge in Base und Peak, oder eben Peak und Off-Peak, festschreiben. Eine Abweichung über einen bestimmten Toleranzbereich hinaus wird pönalisiert. Dem liegen unterschiedliche Preisniveaus zugrunde. Aufgrund des höheren Strombedarfes in den Peakstunden sind diese regelmäßig teurer als der Offpeak. In den Offpeakstunden wird in der Regel deutlich weniger Strom verbraucht (Abb. 3.9).

Abb. 3.9 Preisverlauf Peak und Off-Peak

Hier liegen Risiken für die Lieferanten. Die Liefermenge wurde durch den Lieferanten im Vorfeld durch die Standardprodukte bereits abgesichert. So können Preisrisiken entstehen, wenn die tatsächliche Inanspruchnahme von diesem Verhältnis abweicht. Durch die vertragliche Fixierung und die Pönalisierung wird dieses Risiko minimiert. Auf der anderen Seite erklären sich manche Lieferanten auch bereit, Vorteile aus einer „günstigeren" Verteilung auszukehren.

Der Terminmarkt, der hier beschrieben wurde, stellt ein Marktsegment dar, an dem eine erste, langfristige Absicherung eines Strombedarfes durch Versorger oder die Industriebetriebe erfolgen kann. Ein weiteres Segment ist der Spotmarkt, der nachfolgend beschrieben wird.

Spotmarkt

4

In der Energiewirtschaft erfolgt täglich eine Prognose für den folgenden Liefertag. Wettereinflüsse, Schwankungen in der Produktion und andere Einflussfaktoren sind weit im Voraus nicht bestimmbar, sondern manifestieren sich meist kurzfristig. Dadurch ergeben sich Änderungen an der Inanspruchnahme, die am Spotmarkt gehandelt werden. Am Spotmarkt werden die Lieferung des nächsten Tages oder der nächsten Tage gehandelt. Am Strommarkt können für den folgenden Tag Stunden und Viertelstunden gehandelt werden. Am Gasmarkt wird in der Regel lediglich ein Tag als kleinste Einheit gehandelt. Stundenstrukturen oder gar feinere Profile sind nicht üblich.

Es gibt sowohl am Strom- als auch am Gasmarkt unterschiedliche Werte, die betrachtet werden (Abb. 4.1). Im Strommarkt sind es die Stunden- und Viertelstundenwerte. Im Gasmarkt veröffentlicht die Börse neben dem Settlement für 1 MW auch den sogenannten EGSI, einen mengengewichteten Durchschnitt aller Handel für einen Liefertag[1] (Abb. 4.2). Dazu kommt im Gasmarkt noch die Unterteilung in die beiden Marktgebiete NCG und Gaspool.

Am Spotmarkt werden Prognosen gehandelt. Betrachtet man die Lieferung des nächsten Tages, spielen am Strommarkt insbesondere die erneuerbaren Energien eine ausgeprägte Rolle.

Damit folgen die Preise vorrangig den Prognosen für die Erzeugung von Strom aus Windkraftanlagen und aus PV-Anlagen. Der aus diesen Quellen erzeugte Strom hat Einspeisevorang im Netz.[2] Dies bedeutet, dass der so erzeugte Strom als erstes, also eben mit Vorrang, ins Netz eingespeist wird. Die übrigen

---

[1]Vgl. PEGAS (2017).
[2]Vgl. Haucap, Justus (2011), S. 10.

© Springer Fachmedien Wiesbaden GmbH, ein Teil von Springer Nature 2019
S. Schnorr, *Energiebeschaffung in Industrieunternehmen*, essentials,
https://doi.org/10.1007/978-3-658-26952-4_4

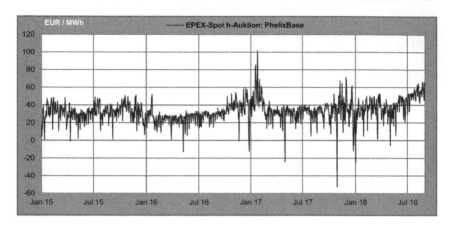

Abb. 4.1 Ergebnisse der EPEX Spot Auktion – Stunden (Vgl. „COMPASS" der BayWa r.e. CLENS)

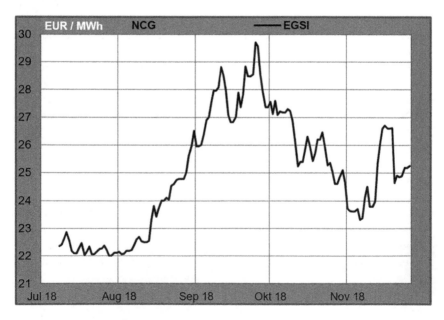

Abb. 4.2 Preisverlauf am Gas Spotmarkt (NCG)

Erzeugungsquellen, allen voran Kernkraftwerke und Gas- sowie Kohlekraftwerke, müssen sich dann anpassen und so produzieren, dass mit den erneuerbar produzierten Strommengen die Verbrauchsprognose getroffen wird. Da die Vergütung für diesen Strom im Rahmen des „Erneuerbare-EnergienGesetz" (EEG) erfolgt, werden diese Mengen zu Grenzkosten von Null in die Netze eingespeist. Konventionelle Erzeugung wird somit verdrängt. Daher sinken mit zunehmender Produktion aus erneuerbaren Energiequellen die Preise am Spotmarkt.

Ebenso wie am Strommarkt spielen am Gasmarkt auch die Prognosen für den kurzfristigen Handel eine überragende Rolle. Der vorrangig bestimmende Faktor ist hier die Temperatur, da Erdgas in großem Ausmaß zur Wärmeerzeugung eingesetzt wird. Auf der Angebotsseite betrachtet man dann die verfügbare Kapazität der Erdgasspeicher und das Liefervolumen der Pipelines.

Umgang mit Unsicherheiten

5

Die Entwicklungen an den beiden Marktsegmenten Spot- und Terminmarkt bergen Risiken. Die Preisentwicklung kann sich zulasten des Kunden entwickeln. Oder anders formuliert: Die benötigten Liefermengen hätten günstiger beschafft werden können. Die Risiken bergen jedoch auch Chancen. Durch ein vorteilhaftes Agieren an den Märkten können Kosten optimiert werden. Oder wieder anders formuliert: Die Liefermengen können zu einem sehr guten Preis beschafft werden. Jedoch wird es nicht möglich sein, „den" besten Preis zu erreichen. Die den Märkten inhärente Unsicherheit führt dazu, dass das Allzeittief eben nur im Blick zurück identifizierbar ist.

Um die sich bietenden Chancen nutzen zu können, müssen entsprechende Freiheitsgrade bei der Entscheidung vorhanden sein. Sind die Eckpunkte der Strombeschaffung so weit festgezurrt, dass kein Spielraum bleibt, besteht kaum Optimierungspotenzial.

Ein weiterer Aspekt an dieser Stelle ist der Einfluss, den der zu zahlende Energiepreis letztendlich auf das Betriebsergebnis hat. Wenn die Stromkosten am gesamten Kostenblock nur wenige Prozent bedeuten, machen sich Verbesserungen an diesem Punkt im Gesamtergebnis kaum bemerkbar.

Ein Ergebnis solcher Überlegungen, die sich gerade bei Unternehmen mit US-amerikanischer Führung oft zeigen, ist die Entscheidung, den Strom komplett über den Spotmarkt zu beschaffen. Die Lieferung enthält dann keinerlei Bezug zu den Terminmarktpreisen. Das Kalkül an dieser Stelle ist zum einen, dass der Spotmarkt durch seine Abhängigkeit von den tatsächlichen Faktoren den Strompreis besser oder genauer abbildet. Der Terminmarkt beinhaltet eine stärkere spekulative Komponente. Zum anderen werden so konsequent Ressourcen in Kernbereiche gelenkt. Die Beschaffung von Strom über Terminmärkte oder preisliche Bindungen an Terminmärkte setzt voraus, dass sich im Unternehmen

© Springer Fachmedien Wiesbaden GmbH, ein Teil von Springer Nature 2019   25
S. Schnorr, *Energiebeschaffung in Industrieunternehmen*, essentials,
https://doi.org/10.1007/978-3-658-26952-4_5

jemand mit diesen Märkten auseinandersetzt und die Preise bewertet. Werden dann Tranchenmodelle abgeschlossen, muss wiederum ein Mitarbeiter dem Terminmarkt regelmäßig Zeit und Aufmerksamkeit widmen. Durch die klare Konzentrierung auf den Spotmarkt spielt das Preisniveau des Terminmarktes keine Rolle und erfordert keine Ressourcen zur Prüfung und Bewertung. Lieferverträge können dann sehr schlank durch einen Vergleich der Transaktionskosten bewertet werden.

5.1 Chancen in der Beschaffung

Die Preisentwicklungen an den Märkten stellen in erster Linie ein Risiko dar. Ungünstige Preise bedeuten höhere Kosten. Die Preisentwicklungen bieten jedoch auch Chancen. Voraussetzung ist jedoch, dass man die Entwicklungen an den Märkten aktiv verfolgt. Dies eröffnet die Chance, geeignete Zeitpunkte für Eindeckungen abzupassen und so von den Chancen zu profitieren.

Wie kann nun mit den Unsicherheiten des Marktes umgegangen werden? Wie lassen sich Chancen nutzen? Wie bereits ausgeführt, müssen Freiheitsgrade in der Entscheidung bestehen. Wenn das Aufsichtsgremium nur einmal im Quartal zusammenkommt und im 3. Quartal über einen Stromliefervertrag zu Festpreisen entscheiden will, dann wird man das Preisniveau zu diesem Zeitpunkt akzeptieren müssen.

Der erste und einfachste Weg, Chancen zu realisieren, besteht in der Wahl geeigneter Zeitpunkte. Am ehesten besteht noch die Freiheit, die Zeitpunkte der Ausschreibung zu wählen. Dadurch lassen sich selbst im Festpreismodell, das die wenigstens Potenziale bietet, Vorteile nutzen. Dies setzt voraus, dass das allgemeine Marktpreisniveau beobachtet wird und die Ausschreibung der Lieferung dann erfolgt, wenn das Marktniveau ansprechend ist.

Was im ersten Moment banal klingt, erfordert jedoch einiges an Expertise. Um das aktuelle Marktniveau einschätzen zu können, müssen die entsprechenden Einflussfaktoren identifiziert und bewertet werden. Bei dieser Einschätzung kann man auf das Angebot von Dienstleistern zurückgreifen, die über entsprechend geschulte Mitarbeiter verfügen.

Durch den Abschluss eines Tranchenmodelles hat man noch mehr Möglichkeiten, von Preisentwicklungen zu profitieren. Das bei Abschluss geltende Preisniveau spielt bestenfalls eine untergeordnete Rolle. Statt einem Zeitpunkt werden mehrere bestimmt, zu denen jeweils Teile der Liefermenge erworben werden. Durch das Beobachten der Märkte kann man Zeitpunkte ermitteln, zu denen vorteilhaft Tranchen, gleich ob als Profiltranche oder Standardprodukt, fixiert werden können. Da hier ein längerer Zeitraum für die Preisfindung genutzt wird und die Zeitpunkte verteilt werden, können Risiken minimiert werden. Denkbar wäre, dass man nach dem Ende einer Hochpreisphase dazu neigt, einen Festpreisvertrag abzuschließen. Die aktuell im Vergleich niedrigeren Preise wirken ansprechend und führen zur Ausschreibung. Wenn im Laufe der nächsten Monate bis zur Lieferung die Preise dann doch weiter fallen, kann man von dieser Entwicklung nicht mehr profitieren.

Weit verbreitet sind Tranchenlieferverträge, die nur Fixierungen, also Käufe von Mengen vorsehen. Möglich sind jedoch darüber hinaus Modelle, in denen bereits fixierte Tranchen auch wieder zurückverkauft werden können. Durch diese Möglichkeit kann das Potenzial noch einmal erweitert werden. In Phasen länger fallender Preise können Tranchen zurückverkauft werden und später deutlich günstiger wieder erworben werden. Die operativen Voraussetzungen hierfür sind, dass der Lieferant dem Kunden die Möglichkeit des „Unfixings" einräumen muss. Dies ist mittlerweile bei den meisten Lieferanten der Fall und nur die wenigsten Unternehmen beschränken ihre Kunden soweit, dass sie eine Rückveräußerung nicht zulassen. Die zweite operative Voraussetzung ist, dass der Kunde selbst diese Möglichkeit hat. Entsprechende Risikorichtlinien oder Vorgaben der Geschäftsführung müssen diesen Fall enthalten.

Ein Weg, Chancen in der Beschaffung zu realisieren liegt also in der Wahl des bzw. der Zeitpunkte. Eine weitere Möglichkeit liegt in der Wahl der Marktsegmente. Durch die entsprechende Ausgestaltung des Liefermodelles können unterschiedliche Anteile an Spot- und Terminmarkt genutzt werden. Umsetzen lässt sich so etwas beispielsweise mit einem sog. Residualmodell. Dies ermöglicht es, wie beschrieben, im Vorfeld Mengen zu fixieren. Dies ist die Verbindung zum Terminmarkt. Die nicht fixierten Mengen werden dann zu Spot-Konditionen abgerechnet, was die Verbindung zu diesem Marktsegment darstellt.

Bei der Wahl eines solchen Liefermodelles muss die Entwicklung des Spotmarktes im Verhältnis zum Terminmarkt regelmäßig bewertet werden. Auch im Lieferjahr muss ein fortlaufendes Monitoring erfolgen. Die Entwicklung der Spotmärkte und der kurzfristigen Terminmärkte muss regelmäßig beurteilt werden. Hier können ebenfalls Dienstleister hinzugezogen werden.

Die zunehmenden Freiheitsgrade in der Beschaffung erhöhen die Chancen, die genutzt werden können. Gleichzeitig kann die Abhängigkeit von einem Lieferanten so reduziert werden. Auf der anderen Seite steigt allerdings der Aufwand. Man muss zunehmend mehr Zeit und Energie in die Beobachtung der Märkte investieren und sich eine Meinung bilden. Hier kann zur Unterstützung jedoch auf Dienstleister zurückgegriffen werden (Abb. 5.1).

- Vollversorgung zum Fixpreis
- Tranchenvertrag
- Tranchenvertrag mit der Möglichkeit des Unfixings
- Tranchenvertrag mit Unfixing und Drittmengen
- Residualvertrag mit Spotkomponente
- Eindeckung über Standardprodukte und eigener Spotzugang

Abb. 5.1   Chancen und Risiken bestimmter Beschaffungsmodelle

5.2 Liefermodelle

Die angesprochenen Freiheitsgrade in der Beschaffung lassen sich mit geeigneten Liefermodellen umsetzen. Diese sollen hier kurz umrissen werden. Es erfolgt jeweils auch eine Bewertung des Liefermodells. Maßstab der Bewertung ist die Möglichkeit, die den Energiemärkten inhärenten Chancen zu nutzen. Inwieweit besteht also die Möglichkeit, günstige Zeitpunkte für eine Beschaffung auszunutzen? Können die beschriebenen Segmente genutzt werden?

Festpreismodell
Die gesamte Liefermenge wird zu einem festen Preis kontrahiert. Dieser Preis beinhaltet alle Entgelte, Kosten und Aufschläge. Dieser Preis beinhaltet die Kosten für die Energie und damit direkt verbundene Zusätze. Weiterhin fallen als Preisbestandteil beim Endkunden noch Netznutzungsentgelte, Umlagen und Steuern an. Diese sind durch den Endkunden nicht zu beeinflussen und werden vom Versorger bzw. Lieferant auch nur durchgereicht. Diese Kostenbestandteile sind nicht Teil der hier erfolgten Betrachtung.

Festpreismodelle werden in aller Regel für ein Lieferjahr ausgeschrieben. Kürzere Lieferperioden sind selten und werden nur in Ausnahmefällen ausgeschrieben. Der Natur des Liefermodells folgend, steht der Preis für die Lieferung bei Abschluss des Vertrages für die gesamte Lieferperiode fest. Dieser Preis kann dann nicht weiter beeinflusst werden.

Ein solches Liefermodell bietet die geringsten Potenziale für das Ausnutzen von Chancen. Zu einem Zeitpunkt wird der Vertrag abgeschlossen und der Preis fixiert. Damit liegt in der Wahl eines geeigneten Zeitpunktes für den Vertragsabschluss die Chance für einen guten Preis. Um eine günstige Marktphase zu identifizieren, muss man sich regelmäßig mit den Preisen auseinandersetzen. Dienstleister stellen Marktberichte und Einschätzungen zur Verfügung, die hier unterstützen können, oder bieten auch den Kontakt zu ihren Händlern und Portfolio Managern an, die im persönlichen Gespräch Preisentwicklungen analysieren.

Da bei diesem Liefermodell vor Lieferung ein Preis für die gesamte Liefermenge vertraglich vereinbart wird, bleibt keine Möglichkeit, den Spotmarkt einzubeziehen. Es wird also von den beiden Segmenten nur der Terminmarkt genutzt.

Tranchenmodell

Ein Tranchenmodell räumt dem Kunden die Möglichkeit ein, Teile seiner Liefermenge während einer Phase vor der eigentlichen Lieferung preislich zu fixieren. Den Ankerpunkt für diese Fixierungen bilden dann meist die Settlements der Jahresprodukte. Für eine Lieferung im Jahr 2020 würden also die Settlements der Strom- oder Gasfutures für diese Lieferjahre als Basis herangezogen. Bei Stromlieferverträgen wird dann meist auf Base und Peak referenziert. Die entsprechenden Mengen Base und Peak ergeben sich aus dem Hedge (Abb. 5.2).

Tranchenmodelle existieren in zwei grundlegenden Varianten. Die eine Variante besteht in sogenannten „strukturgleichen Profiltranchen". Hierbei wird in jedem gewählten Zeitpunkt ein Teil des gesamten Volumens fixiert. Dieser Teil hat dann jeweils auch genau die Struktur des gesamten Liefervolumens (Abb. 5.3).

Eine zweite Variante erlaubt die Fixierung von Tranchen in Form von Standardprodukten, also Base und Peak bzw. am Gasmarkt lediglich Baseprodukte.

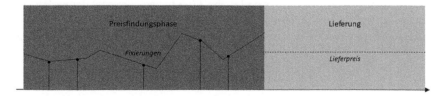

Abb. 5.2 beispielhafter Preisverlauf im Tranchenmodell

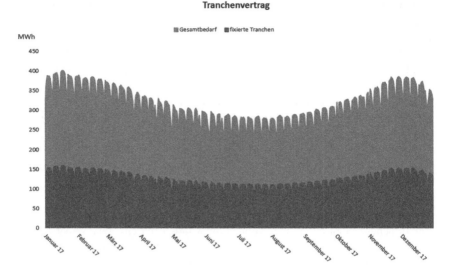

Abb. 5.3 Fixierungsgrad im Tranchenmodell

Im hier gezeigten Fall in Abb. 5.4 wird eine Eindeckung eines Strom-Liefervolumens mit Peak und Off-Peak dargestellt. Wie bereits beschrieben wurde, lassen sich Base und Peak äquivalent als Peak und Off-Peak[1] darstellen.

Bei Abschluss eines Liefervertrages mit der Möglichkeit der Fixierung von Standardprodukten werden in aller Regel die Mengen als Base und Peak (bzw. Peak und Off-Peak) festgeschrieben. Hintergrund ist die Tatsache, dass für strukturierte Abnahmemengen ein Hedge errechnet wird. Dieser gibt die Mengen an Standardprodukten vor, bei deren Erwerb das Liefervolumen wert- und/oder mengenneutral abgebildet werden kann. Da die Lieferanten die tagtägliche Glattstellung übernehmen, geben sie dieses Base-Peak-Verhältnis vor, um die daraus resultierenden Risiken[2] weitestgehend zu minimieren.

Ein Vorteil gegenüber der Fixierung von Profiltranchen besteht darin, dass die Preise der Standardprodukte transparent verfolgbar sind. Die EEX veröffentlicht handelstäglich Settlements, sodass die Preisentwicklung verfolgt werden kann.

---

[1]Vgl. hierzu die Ausführungen auf S. 11.

[2]Siehe hierzu die Ausführungen im Abschn. 2.3.

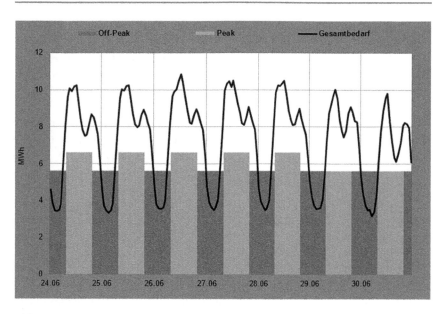

Abb. 5.4 Fixierungen mit Standardprodukttranchen (Vgl. „COMPAKT" der BayWa r.e. CLENS)

Die Preise Profiltranchen hängen natürlich auch von den Standardprodukten ab. Allerdings wird hier meist noch ein Aufschlag für die Struktur des Profils erhoben. Das Arbeiten mit Standardprodukten in einem Tranchenvertrag eröffnet den Eintritt in eine unabhängigere Bewirtschaftung. Im nächsten Schritt kann mit dem Lieferanten die Aufnahme von Drittmengen vereinbart werden. Damit können Standardprodukte von weiteren Lieferanten erworben werden. So steigt die Unabhängigkeit von (Haupt-)Lieferanten.

In der hier beschriebenen Ausgestaltung des Liefermodelles kann lediglich das Segment „Terminmarkt" genutzt werden. Eine Nutzung des Spotmarktes ist hier noch nicht möglich. Je nach Ausgestaltung des konkreten Liefervertrages gibt es eine Vielzahl von Zeitpunkten, um jeweils Teile der Liefermenge preislich zu fixieren.

Residuallieferung

In einem solchen Liefermodell wird nicht das gesamte Volumen der Lieferung im Vorfeld fixiert. Der nicht fixierte Teil wird dann im Lieferjahr zu den Spotpreisen abgerechnet. Auch hier ist wiederum eine Unterteilung in Profiltranchen

und Standardprodukttranchen möglich. Als Kunde kann man durch den Grad
der Fixierung entscheiden, welchen Teil des Volumens man am Terminmarkt
erwirbt. Das verbleibende Volumen, welches im Vorfeld nicht fixiert wurde, wird
dann zu Spotpreisen abgerechnet. In einer extremen Ausprägung, wenn keinerlei Fixierung im Vorfeld vorgenommen wird, erfolgt die gesamte Lieferung zu
Spotpreisen.

In einem solchen Liefermodell kann man, wie bei den bereits beschriebenen
Tranchenmodellen, die Zeitpunkte der Fixierung wählen. So können günstige
Marktphasen genutzt werden. Durch die Aufteilung des Volumens auf Termin-
markt und Spotmarkt können die beiden Segmente gezielt genutzt werden
(Abb. 5.5).

Erwartet man ein im Vergleich zum Terminmarkt günstigeres Niveau am
Spotmarkt während der Lieferung, werden Teile des Liefervolumens nicht über
Tranchen fixiert, sondern offengelassen. In der Lieferperiode werden diese dann
zu Spotkonditionen abgerechnet. Liegen die Spotpreise dann unter den Preisen,
die am Terminmarkt aufgerufen wurden, kann durch dieses Vertragsmodell davon
profitiert werden.

Das Beispiel in Abb. 5.6 zeigt das Lieferjahr 2016. Die Terminpreise lagen
lange Zeit über dem Wert, der sich im Laufe des Lieferjahres 2016 am Spotmarkt

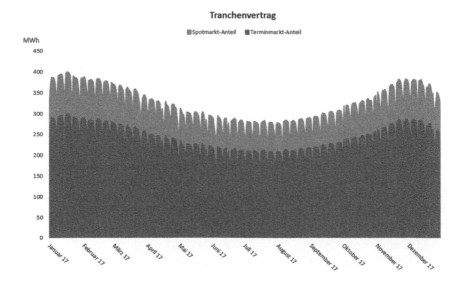

Abb. 5.5 Fixierungsgrad im Profiltranchen-Modell

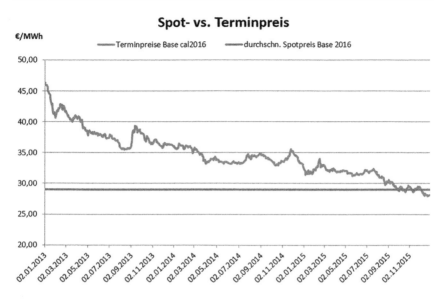

Abb. 5.6 Preisniveau Spot vs. Termin 2016

ergab. In einer solchen Situation war es vorteilhaft, Teile des Liefervolumens nicht zu fixieren und es zu Spotkonditionen abrechnen zu lassen.

Einige Jahre schien es, als wäre das regelmäßig der Fall. Der anhaltende immense Zubau in den Bereichen Photovoltaik und Windenergieerzeugung ließ die Spot-Preise immer weiter sinken. Gleichwohl ist eine Beobachtung und Analyse der Märkte immer angebracht. Ein Automatismus lässt sich nicht ableiten. Abb. 5.7 zeigt die Entwicklung der Terminpreise für das Base im Jahr 2018 sowie den durchschnittlichen Spotpreis in diesem Jahr. In diesem Jahr lag der Spotpreis deutlich über den Werten, die für das Terminprodukt im Vorfeld gehandelt wurden.

Die Entscheidung, Teile des Liefervolumens zu Spotpreisen abzurechnen, muss regelmäßig hinterfragt und neu bewertet werden. Oft fehlen Industrieunternehmen oder kleineren Stadtwerken hierzu die Ressourcen, sodass hier auf Dienstleister zurückgegriffen wird. Darüber hinaus ist es notwendig, das Portfolio zu bewerten. Auch hierzu kann auf externe Anbieter zurückgegriffen werden, die eine entsprechende Bewertung des Liefervolumens in Form von Reportings anbieten.

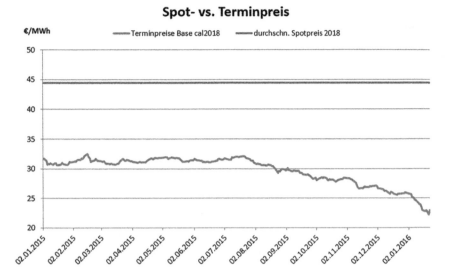

Abb. 5.7   Preisniveau Spot vs. Termin cal2018

5.3   Der Preis der Liefermenge

Sobald im Zeitpunkt des Vertragsschlusses noch nicht alle Liefermengen mit einem Preis versehen sind, gewinnt die Bewertung des Liefervertrages an Bedeutung. Für bereits fixierte Tranchen lässt sich der Preis natürlich aus den entsprechenden Geschäften bestimmen. Der noch nicht fixierte Teil der Menge wird jeweils mit dem geltenden Marktpreis bewertet. Damit wird errechnet, welchen Preis man zahlen müsste, wenn die ausstehende Menge zum aktuellen Marktpreis fixiert wird. Diese Betrachtung ermöglicht dann, Zielpreise oder auch Budgets zu überwachen. Beziehungsweise wird so jederzeit Transparenz gewährleistet.

Wie bereits beschrieben, ergibt sich täglich ein anderer Preis für die gesamte Liefermenge, wenn noch nicht alle Mengen preislich fixiert wurden. Der bereits preislich fixierte Teil der Liefermenge lässt sich mit den entsprechenden Preisen bewerten. Damit steht der Preis dieser Teilmenge fest. Der noch nicht preislich fixierte Teil schwankt täglich. Die Bewertung erfolgt tagtäglich mit den sich ändernden Settlements. Damit gibt der so ermittelte Wert wieder, welchen Wert die offene Menge hätte, wenn sie zu den aktuellen Preisen fixiert worden wäre. Der Wert der gesamten Menge ergibt sich dann jeweils aus den beiden Teilwerten. Dies soll an einem Beispiel verdeutlicht werden. Ausgangspunkt ist ein

Liefervertrag über 100.000 MWh. Es soll sich um einen Tranchenvertrag handeln. Dem Vertrag liegt folgende Formel zugrunde:

$$\text{Preis} = 0{,}9 * \text{Base} + 0{,}1 * \text{Peak} + 1{,}20$$

Dabei sollen „Base" und „Peak" den durchschnittlichen Preis aller Fixierungen wiedergeben. Mit jeder Fixierung werden Base und Peak in den angegebenen Anteilen fixiert.

		Menge (MWh)	Base (€/ MWh)	Peak (€/ MWh)	Wert (€/ MWh)	Betrag (Euro)
1	Bewertung bei Abschluss	100.000	56,20	66,30	58,41	5.841.000,00

Gelten an dem Tag des Vertragsabschlusses Preise von 56,20 €/MWh für Base und 66,30 €/MWh für Peak, errechnet sich aus der Formel ein Betrag von 5.841.000 EUR für die Liefermenge. Das entspricht einem spezifischen Preis von 58,41 €/MWh.

Einige Zeit später wird eine erste Fixierung vorgenommen. Die Tranche soll hier 25 % der Gesamtmenge betragen. Die Preise für Base und Peak betragen an diesem Tag 55,35 €/MWh und 64,85 €/MWh. Diese Preise liegen dann der getätigten Fixierung zugrunde.

		Menge (MWh)	Base (€/ MWh)	Peak (€/ MWh)	Wert (€/ MWh)	Betrag (Euro)
1	Bewertung bei Abschluss	100.000	56,20	66,30	58,41	5.841.000,00
2	Fixierung	25.000	55,35	64,85	57,50	1.437.500,00
	Noch zu fixieren	75.000	55,35	64,85	57,50	4.312.500,00
	Fixierungs-grad	25 %				
	Gesamt	100.000			57,50	5.750.000,00

Die Tranche hat somit, der Formel folgend, einen Wert von 57,50 €/MWh, was einem Betrag von 1.437.500,00 EUR entspricht. Der Fixierungsgrad beträgt 25 %, die restlichen 75 % der Liefermenge sind preislich noch unbestimmt.

Im Zeitpunkt der Fixierung werden diese offenen Mengen mit denselben Preisen bewertet. Damit ergibt sich ein spezifischer Wert von 57,50 €/MWh.

Der Preis von 57,50 €/MWh für die Fixierung ändert sich nicht mehr, was genau dem Ziel einer Fixierung entspricht. Im Laufe der Zeit ändern sich die Preise für Base und Peak. Die offene Position hat damit immer einen anderen Wert.

		Menge (MWh)	Base (€/MWh)	Peak (€/MWh)	Wert (€/MWh)	Betrag (Euro)
1	Bewertung bei Abschluss	100.000	56,20	66,30	58,41	5.841.000,00
2	Fixierung	25.000	55,35	64,85	57,50	1.437.500,00
	Noch zu fixieren	75.000	55,35	64,85	57,50	4.312.500,00
	Fixierungs-grad	25 %				
	Gesamt	100.000			57,50	5.750.000,00
3	Bewertung					
	Fixierung	25.000	55,35	64,85	57,50	1.437.500,00
	Noch zu fixieren	75.000	55,85	65,10	57,98	4.348.125,00
	Fixierungs-grad	25 %				
	Gesamt	100.000			57,86	5.785.625,00

Bei Settlements von 55,85 €/MWh für Base und 65,10 €/MWh für Peak ergibt sich die vorstehende Bewertung der Liefermenge. Die neuen Settlements gelten für die offene Menge. Die Fixierung behält ihren einmal geschlossenen Preis. Aus diesen Bewertungen ergibt sich ein spezifischer Wert von 57,86 €/MWh für die gesamte Menge. Dies entspricht 5.785.625,00 EUR.

		Menge (MWh)	Base (€/ MWh)	Peak (€/ MWh)	Wert (€/ MWh)	Betrag (Euro)
1	Bewertung bei Abschluss	100.000	56,20	66,30	58,41	5.841.000,00
2	Fixierung	25.000	55,35	64,85	57,50	1.437.500,00
	Noch zu fixieren	75.000	55,35	64,85	57,50	4.312.500,00
	Fixierungsgrad	25 %				
	Gesamt	100.000			57,50	5.750.000,00
3	Bewertung					
	Fixierung	25.000	55,35	64,85	57,50	1.437.500,00
	Noch zu fixieren	75.000	55,85	65,10	57,98	4.348.125,00
	Fixierungsgrad	25 %				
	Gesamt	100.000			57,86	5.785.625,00
4	Fixierung	25.000	56,10	66,00	58,29	1.457.250,00
	Noch zu fixieren	50.000	56,10	66,00	58,29	2.194.500,00
	Fixierungsgrad	50 %				
	Bereits fixiert	25.000	55,35	64,85	57,50	1.437.500,00
	Insgesamt fixiert	50.000			57,90	2.894.750,00
	Gesamt	100.000			58,09	5.809.250,00

Mit einer weiteren Fixierung ergibt sich dann bei der Bewertung der Menge für den insgesamt fixierten Teil einen Mischpreis aus den Preisen der einzelnen Fixierungen.

Mit einem geeigneten Reporting hat man jederzeit die Möglichkeit, den aktuellen Stand der Eindeckung sowohl in Bezug auf die Menge als auch auf den Wert abzulesen. Die Auswirkung der Marktpreisschwankungen auf den Wert des Liefervolumens lässt sich ermitteln.

Hier besteht die Möglichkeit, das Reporting selbst aufzusetzen. Das erfordert, je nach Komplexität des Liefermodells, in unterschiedlichem Maß entsprechende Ressourcen. Auch entsprechende Marktpreise müssen eingeholt werden. Durch die Beauftragung von Dienstleistern können eigene Ressourcen geschont werden. Auch lassen sich so die Datenhaltung reduzieren und die Ausfallsicherheit relativ einfach herstellen. Weiterhin können Dienstleister zusätzliche Impulse geben oder auch begleitende Marktinformationen liefern.

Ausblick 6

Der Energiemarkt ist für die an ihm agierenden Unternehmen herausfordernd. In der Beschaffung von Gas- und Strommengen liegen Chancen. Um diese zu nutzen, müssen durch die Unternehmen Ressourcen aufgewendet werden. Die gleichzeitig entstehenden Risiken müssen erkannt und gesteuert werden.

Mit den Ausführungen hier sind die Beschaffer in Industrieunternehmen in der Lage, die Kette vom Abschluss eines Liefervertrages bis hin zum Agieren des Versorgers am Großhandelsmarktes nachzuvollziehen. Die gängigen Grundbegriffe wurden beschrieben.

Mit der Darstellung der gängigen Vertragsformen existiert ein Rahmen, der es den Unternehmen ermöglicht, ein zukünftiges Vorgehen am Energiemarkt zu bestimmen. Durch die vorgenommenen Bewertungen können die Optionen mit Blick auf die unternehmensinternen Vorgaben in Bezug auf Risiken evaluiert werden.

Wird in einem Unternehmen die Entscheidung getroffen, sich stärker strategisch am Energiemarkt zu engagieren, wurden hier Wege aufgezeigt. Damit stehen den Unternehmen die Mittel zur Verfügung, die Chancen des Energiemarktes im Rahmen der verfügbaren Ressourcen zu nutzen und wirtschaftliche Vorteile zu generieren.

© Springer Fachmedien Wiesbaden GmbH, ein Teil von Springer Nature 2019   39
S. Schnorr, *Energiebeschaffung in Industrieunternehmen*, essentials,
https://doi.org/10.1007/978-3-658-26952-4_6

Was Sie aus diesem *essential* mitnehmen können

- Die Preisschwankungen an Strom- und Gasmärkten stellen auf den ersten Blick Risiken dar, die bei entsprechender Analyse und strategischer Nutzung jedoch Vorteile bergen.
- Chancen in der Beschaffung können nur genutzt werden, wenn Freiheitsgrade in der Beschaffung bestehen.
- Die Wahl der Zeitpunkte im Rahmen eines Tranchenmodelles eröffnet einen ersten Schritt in eine wirtschaftlich vorteilhafte Beschaffung.
- Die Aufteilung auf die Segmente Spot- und Terminmarkt bietet einen weiteren Ansatz zur Generierung von Vorteilen.
- Die Preisfindung an Spot- und Terminmärkten folgt jeweils unterschiedlichen Einflussfaktoren.

© Springer Fachmedien Wiesbaden GmbH, ein Teil von Springer Nature 2019
S. Schnorr, *Energiebeschaffung in Industrieunternehmen*, essentials,
https://doi.org/10.1007/978-3-658-26952-4

Literatur

COMPAKT – Muster-Portfolioreport der BayWa r.e. CLENS

COMPASS – handelstäglicher Newsletter der BayWa r.e. CLENS

Destatis(Stromerzeugung) – Bruttostromerzeugung in Deutschland 2015 – 2017, https://www.destatis.de/DE/ZahlenFakten/Wirtschaftsbereiche/Energie/Erzeugung/Tabellen/Bruttostromerzeugung.html; abgerufen am 20.03.2019

EEX (2018), Kontraktspezifikationen, Version 0065a, Leipzig, 2018

EEX (Strom Future), https://www.eex.com/de/produkte/strom-terminmarkt/strom-futures, abgerufen am 04.03.2019

Energie Lexikon (Grundlast); Grundlast; verfügbar unter: https://www.energie-lexikon.info/grundlast.html, abgerufen am 04.10.2017

Energie Lexikon (Intraday), https://www.energie-lexikon.info/strommarkt.html, abgerufen am 04.03.2019

EPEX (Spot), https://www.epexspot.com/de/extras/glossar, abgerufen 04.03.2019

Gabler Wirtschaftslexikon (Hedging), https://wirtschaftslexikon.gabler.de/definition/hedging-33310, abgerufen am 06.03.2019

Gabler Wirtschaftslexikon (Termingeschäfte), https://wirtschaftslexikon.gabler.de/definition/termingeschaefte-50034, abgerufen am 06.03.2019

PEGAS (2017), Customer Information 2017-08-03

PEGAS (Erdgas Future), https://www.powernext.com/futures-market-data, abgerufen am 04.03.2019

Umweltbundesamt (ETS), https://www.umweltbundesamt.de/daten/klima/der-europaeische-emissionshandel#textpart-1, abgerufen am 16.01.2019

Haucap, Justus (2011). Erneuerbare Energien: Mehr Wettbewerb nötig, Wirtschaftsdienst, ISSN 1613-978X, Springer, Heidelberg, Vol. 91, Iss. 10, pp. 656–657

IWR (Base-Peak) „Was ist Spitzenlaststrom und wie teuer ist er?", verfügbar unter: http://www.iwr-institut.de/de/presse/presseinfos-energiewende/was-ist-spitzenlaststrom-und-wie-teuer-ist-er, abgerufen am 26.07.2017

© Springer Fachmedien Wiesbaden GmbH, ein Teil von Springer Nature 2019   43
S. Schnorr, *Energiebeschaffung in Industrieunternehmen*, essentials,
https://doi.org/10.1007/978-3-658-26952-4

Zum Weiterlesen

Stephan Schnorr, Portfolio-Management in Stadtwerken, 2. Auflage, Springer Gabler, 2019
Ingrid Schuhmacher, Philip Würfel, Strategien zur Strombeschaffung in Unternehmen:
    Energieeinkauf optimieren, Kosten senken, Springer Gabler, 2015
Hans-Peter Schwintowski et al, Handbuch Energiehandel, Erich Schmidt Verlag, 2018

Printed by Printforce, the Netherlands